TEXTE EXPLICATIF

DE LA

CARTE GÉOLOGIQUE

PROVISOIRE

$$\text{AU } \frac{1}{800,000^{\text{e}}}$$

DES

PROVINCES D'ALGER & D'ORAN

TEXTE EXPLICATIF

DE LA

CARTE GÉOLOGIQUE

PROVISOIRE

AU $\dfrac{1}{800{,}000^e}$

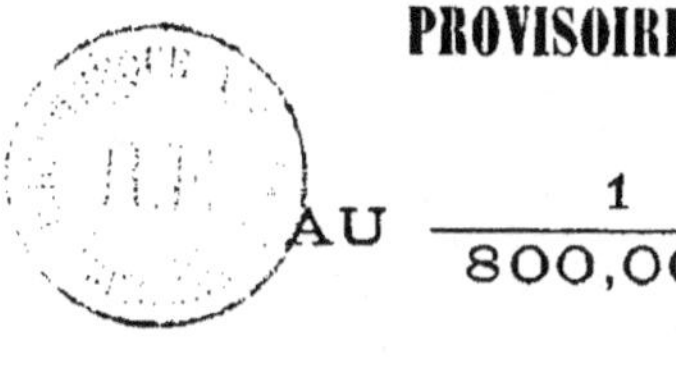

DES

PROVINCES D'ALGER ET D'ORAN

PAR

A. POMEL et J. POUYANNE

ALGER

ADOLPHE JOURDAN, LIBRAIRE-ÉDITEUR

4, PLACE DU GOUVERNEMENT, 4

—

1882

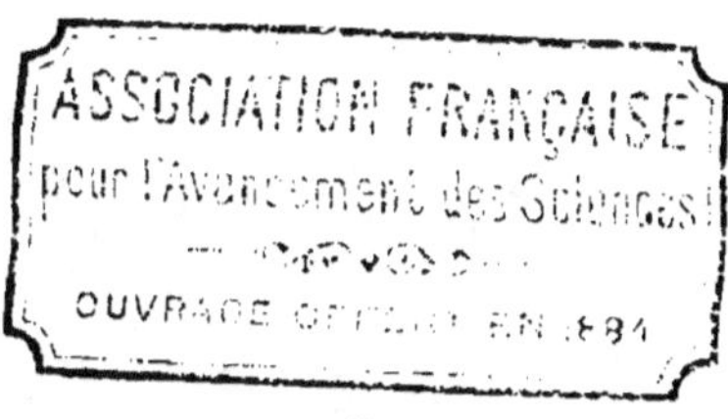

INTRODUCTION

La carte qu'il s'agit ici d'expliquer sommairement comprend la province d'Oran et la province actuelle d'Alger, moins le cercle de Bou-Sàada ; ce dernier territoire appartenait, jusqu'à ces dernières années, à la province de Constantine.

Elle est sommaire et provisoire, comme son titre l'indique ; nous y avons réuni, autant que la petitesse de l'échelle l'a permis, les divers documents géologiques que nous avons pu rassembler. Sans nous dissimuler l'imperfection de cette espèce de compilation, nous croyons pourtant qu'elle pourra rendre quelques services, principalement en tenant lieu de point de départ pour les études ultérieures.

La carte a été dressée d'après des tracés dont la majeure partie est restée jusqu'à présent inédite, ce qui nous excusera de ne pas indiquer ici de bibliographie ; il suffira, sans doute, de dire que ces tracés sont empruntés aux divers auteurs dont suit l'énumération, par ordre alphabétique : MM. Badynski, Nicaise, Pomel, Pouyanne, Rocard, Rolland, Vatonne et Ville. Indépendamment de nos travaux personnels, nous avons eu l'un ou l'autre occasion de voir sur place nombre de points des tracés qui nous sont étrangers. Mais, d'une part, nous sommes loin d'avoir tout vu ; nous n'ignorons, d'autre part, ni la grande imperfection de plusieurs des cartes sur lesquelles il a fallu établir les tracés originaux, ni les difficultés matérielles de toute nature qui embarrassaient le travail géologique en Algérie, notamment aux époques où il a été exécuté par plusieurs des auteurs sus-énumérés, aujourd'hui décédés depuis longtemps, difficultés dont plusieurs subsistent d'ailleurs encore aujourd'hui. Aussi, nous paraît-il certain que l'esquisse que nous avons dressée, suffisante peut-être, eu égard à son échelle, pour la partie la plus étendue du terrain représenté, comportera néanmoins sur plusieurs points des corrections non sans importance.

Nous pensons toutefois qu'en raison même de son caractère sommaire et général, la description ci-après n'aura point trop à souffrir des modifications qu'il pourra être ultérieurement convenable de faire subir au dessin.

Les limites géologiques ont été marquées sur la carte par un trait ponctué, toutes les fois que les documents employés donnaient un tracé ferme ; elles n'ont point été marquées et ne résultent que de la teinte dans le cas contraire.

TEXTE EXPLICATIF

DE LA

CARTE GÉOLOGIQUE

PROVISOIRE

AU $\dfrac{1}{800,000}$

DES

PROVINCES D'ALGER & D'ORAN

§ 1ᵉʳ. — TERRAIN CRISTALLOPHYLLIEN

Ce terrain est représenté par la teinte rose, avec la lettre χ. Il est presque totalement confiné dans la région nord-est du département d'Alger, dans des cantons sur lesquels n'ont point porté nos investigations personnelles de détail.

Des roches granitoïdes semblent en constituer la base, et s'y intercalent sous forme de filons ou de dykes. Des gneiss leur sont superposés sur une grande puissance, et en beaucoup de points leur stratification est si manifeste et si régulière, qu'il ne peut guère rester de doutes sur leur origine sédimentaire primitive ; c'est aux environs d'Alger qu'on en trouve les meilleurs exemples. Ils sont recouverts par une épaisseur considérable de schistes à délit irrégulier, souvent micacés, d'autres fois gréseux et contenant des plaques ou des lits intercalés, et même des bancs de grès ou de quartzites. Le quartz y forme souvent aussi de nombreuses lentilles ou des plaquettes, anastomosées par des filets qui injectent la masse et restent en relief sur les surfaces désagrégées. Enfin, des calcaires plus ou moins cristallins, bien stratifiés, à bancs souvent séparés par des lits schisteux peu différents de ceux qui les supportent, couronnent cet ensemble en concordance de stratification. On y a vainement, jusqu'à ce jour, cherché des traces de débris organiques fossiles ; leur âge paléontologique est par conséquent inconnu, et leurs caractères stratigraphiques nous imposent des réserves sur leur attribution à une époque propaléozoïque.

On a compris dans la carte, sous la même teinte, un îlot granitique indépendant de tout schiste et situé à Nedroma.

Deux autres îlots granitiques sont aussi connus : un à l'ouest et un autre notablement au sud de l'îlot de Nedroma. Mais leur petitesse n'a pas permis de les figurer.

---

§ 2. — TERRAIN PALÉOZOIQUE OU PROPALÉOZOIQUE?

Il est représenté sur la carte par une teinte rose rayée verticalement de noir, avec la lettre σ_1.

Le terrain dont il va être maintenant question n'a pas plus que le précédent laissé voir de débris organiques ; les quelques phénomènes de direction qu'on a pu y observer, tendraient à le faire considérer comme antesilurien. Mais ils sont trop frustes, si on peut s'exprimer ainsi, pour permettre une conclusion sûre. L'âge réel reste donc encore inconnu. Ce terrain ne s'est rencontré qu'à l'ouest de la province d'Oran, et il y forme des îlots de grandeurs diverses, entièrement isolés au milieu des formations récentes. Le plus grand est dans les Traras où il forme notamment la crête de Dahar-ed-Dis. Un deuxième massif moins étendu, mais assez grand encore se rencontre plus au Sud et comprend les filons métallifères de Gar-Rouban.

L'isolement des massifs et îlots s'oppose à une affirmation absolue sur leur identité d'âge, identité dont la présomption repose seulement sur la composition minéralogique, et ce même isolement ne permet pas de voir les rapports de notre terrain avec celui dont il sera question au paragraphe suivant. Mais au moins est-il parfaitement sûr que ces deux terrains sont l'un et l'autre plus anciens que toutes les autres formations sédimentaires de la province d'Oran. Comme d'ailleurs on verra plus loin l'existence de quelques débris organiques dans le terrain du § 3, tandis qu'on n'en connaît point encore dans le terrain du présent paragraphe, il est naturel de supposer ce dernier antérieur à l'autre, et cette considération justifie la place relative que nous lui donnons.

Notre terrain est presque entièrement formé de schistes phylladiformes, assez souvent un peu talqueux et satinés, de colorations diverses, mais généralement peu éclatantes, parmi lesquelles le jaune rougeâtre domine de beaucoup. Leur stratification est très nette, mais le plus souvent fort tourmentée, et les traces de dislocation y sont innombrables. Ils contiennent quelques très rares couches ou lentilles de calcaire peu épaisses, et un assez grand nombre de couches de quartzites gris intercalaires. Ils sont très fréquemment sillonnés par des veinules de quartz blanc laiteux.

C'est dans le grand îlot des Traras, et dans le bassin de l'Oued-Ahenaï que l'on peut le mieux suivre une coupe de ce terrain, et c'est là que l'étude détaillée en devra être faite. En gros on peut y distinguer trois parties. Le substratum visible est une épaisse assise de schistes bleus noirâtres; suit une énorme assise de schistes où domine le jaune rougeâtre. Au-dessus se trouve une assise fort épaisse aussi de schistes à cassure grenue et âpre, qui sur certains points passent à de véritables grès blanchâtres ou jaunâtres. La puissance totale atteint au moins 1,500 mètres.

Le massif de Gar-Rouban et toute la partie sud du massif des Traras ne paraissent formés que par l'assise moyenne. C'est cette assise aussi qui semble former les îlots des Ouel-Hassa; toutefois le principal d'entre eux, au Djebel-Skouna, est couronné par une bande de quartzites assez épaisse. Peut-être ces derniers îlots représentent-ils une formation intermédiaire entre les schistes des Traras et ceux des environs d'Oran. C'est là une question pour le moment impossible à résoudre.

§ 3. — TERRAIN TRIASIQUE ?

Il est représenté sur la carte par la teinte rose rayée horizontalement de noir, avec la lettre t_2.

Bien qu'une bande étroite de ce terrain soit figurée dans le Jurjura, l'identification sur ce point reste assez incertaine et notre terrain n'est bien sûrement constaté que dans la province d'Oran, où il paraît dans le massif du littoral, d'Arzew au Rio-Salado.

Le substratum est un grès argileux, ou une argile gréseuse, à délit plus ou moins schistoïde, avec intercalation de quartzite en plaquettes, bancs ou simples nodules souvent volumineux ; la stratification y est fréquemment très diffuse. En dessus et sur une grande épaisseur se superposent des schistes siliceux, assez fissiles, mais se divisant en fragments par leur exposition à l'air ; on y voit des apparences d'empreintes vagues et indéterminables, d'une origine peut-être végétale. C'est de là que proviendraient les traces de Walkia que Jourdan disait avoir découvertes. Assez brusquement et en concordance de stratification on trouve au-dessus des bancs peu épais, ou plutôt des lits nombreux de calcaires le plus souvent devenus cristallins, plus ou moins mêlés de lits argileux, et passant insensiblement à des caleschistes plus ou moins argileux, très fissiles, que l'on a essayé d'exploiter pour ardoises, et qui ont à la fois une grande puissance et beaucoup d'homogénéité. Un énorme banc de quartzite les sépare d'une série de couches moins homogènes, plus siliceuses, se terminant par quelques bancs plus calcaires et même dolomitiques.

C'est à Oran qu'on peut le mieux étudier cette remarquable formation, dont la puissance, depuis le dernier ravin des Planteurs jusqu'au fort Lamoune, n'est point inférieure à un kilomètre. Malgré la concordance absolue de stratification dans cet ensemble de couches, il ne serait pas impossible qu'il fût divisible en deux terrains distincts. La portion supérieure, à partir des bancs calcaires, contient quelques fossiles malheureusement en très mauvais état ; une tige de crinoïde indéterminable a été trouvée dans ces calcaires eux-mêmes ; les caleschistes qui les recouvrent renferment des empreintes très déformées d'un mollusque acéphale qui pourrait être un Monotis d'assez grande taille, et qui en a les côtes concentriques ; ils renferment aussi quelques fragments d'ammonitides à cloisons très faiblement persillées. Ces documents paléontologiques sont insuffisants pour déterminer le véritable horizon de cette formation. Si la partie inférieure peut être permienne à la rigueur, la partie supérieure ne peut être descendue au-dessous du trias à cause de ses Ammonites.

Ce terrain contient quelques lits de mauvais anthracite.

---

§ 4. — POUDINGUES DU DJEBEL-KAHAR
(montagne des Lions)

Cette formation occupe encore des surfaces plus restreintes que la précédente ; aussi est-elle représentée sur la carte sans teinte spéciale, mais avec un semis de points noirs accompagnés de la lettre σ_3.

A la montagne des Lions elle repose sur la précédente en stratification discordante. Sa puissance est considérable, et elle est constituée par des couches épaisses de poudingues, à cailloux plus ou moins volumineux suivant les couches, quelquefois réduits à un sable très grossier. Sur un autre point (cap Falcon) le terrain est formé de couches argileuses conglomérées dont les éléments ont été empruntés aux schistes et calcschistes de la formation précédente, qu'il recouvre immédiatement. Sa couleur et sa composition rappellent le vieux grès rouge, mais sa superposition à des couches à Ammonites ne permet pas de le descendre au-dessous du Trias, dans lequel il représente peut-être le Keuper. On pourrait toutefois y voir aussi un représentant du terrain rhétien ou du Lias inférieur, ce qu'il est très difficile d'établir en raison de ses relations stratigraphiques assez obscures et de l'absence de documents paléontologiques. Les seuls fossiles connus, en effet, consistant en bois silicifiés de conifère encore indéterminée.

Un lambeau relativement grand de ce terrain existe

dans les Traras, sur le territoire de la tribu des Beni-Menir ; autour de ce lambeau on en trouve aussi quelques ilots très petits, intéressants néanmoins parce qu'ils supportent des calcaires du Lias moyen et supérieur, et cela avec la circonstance que les calcaires les plus bas contiennent parfois des cailloux roulés de notre terrain, ce qui accuse nettement une discordance. Ces lambeaux reposent tous sur les schistes du § 2. L'îlot le plus grand montre une puissance considérable atteignant au moins 400 mètres. Il est du haut en bas formé de couches fort bien stratifiées de brèches ou poudingues. Toutes les couches du bas sont exclusivement formées par des débris arrachés aux schistes anciens. Dans le haut, au contraire, les débris de schiste sont associés à des débris de granite, provenant sans doute de l'ilot granitique de Nedroma, et ceux-ci finissent par devenir tellement prédominants, que les couches prennent presque l'apparence d'un granite en place qui serait stratifié.

Peut-être faudra-t-il aussi rapporter à ce terrain la bande du Jurjura dont il a été question au paragraphe précédent. Les documents utilisés par nous, pour indiquer ces bandes, ne sont point assez explicites pour décider ce point qu'il conviendra d'aller étudier sur place.

---

§ 5. — TERRAIN JURASSIQUE

Le terrain jurassique est représenté sur la carte par la teinte bleue sous deux nuances : le bleu foncé avec la lettre j_1 est consacré au Lias, et le bleu clair, avec la lettre ½ comprend le reste du Jurassique existant, y compris les portions où la distinction des étages n'est point encore faite.

A. — Lias

Il est en général formé par de puissantes couches de calcaires reposant en stratification discordante sur les formations précédentes. Cela est évident dans les Traras, où l'Ammonites bifrons Brug., qu'il renferme assez fréquemment, ne permet aucun doute sur l'âge; et on peut le déduire par analogie en se rapprochant d'Oran pour des masses calcaires ou dolomitiques qui, comme chez les Traras, contiennent ou bordent de remarquables gisements d'hématite, dont Beni-Saf est un des plus beaux exemples. Peut-être faudra-t-il y comprendre aussi les calcaires du Djebel-Orousse, qui sont également minéralisés par place; nous les avons toutefois considérés sur la carte comme encore indéterminés dans la série jurassique. Ils fournissent sur certains points de fort beaux marbres.

Une autre bande discordant sur les schistes anciens de la zone montagneuse intérieure, entre Gar-Rouban et Tléta, chez les Beni-Snous, comprend quelques lambeaux de calcaires bleus ou de dolomies montrant parfois un substratum argileux, et émergeant sous des couches jurassiques bien plus récentes, trop petits pour avoir été marqués sur la carte. Les Spirigerina n'y sont pas rares, avec des Bélemnites très engagées et peu déterminables.

Ces couches reparaissent entre Saïda et l'Oued-Tiffrit sous forme de dolomies ayant un substratum argileux, mais sensiblement métamorphisé par des roches éruptives voisines. Un autre affleurement se montre sous la même forme à Tagremaret et à Bou-Nouel, où

il est fortement entamé par l'Oued-el-Abd, et il renferme
de même que celui de Saïda des cristaux et des rognons
de galène.

Plus à l'Est encore, au sommet de l'Ouarsenis, un lambeau très épais, mais très restreint, et par suite non
marqué sur la carte, est constitué par des calcaires
blanchâtres compactes, presque lithographiques, contenant un certain nombre de fossiles et surtout des bra-
chiopodes parmi lesquels des Spirigerina. On y a cité
aussi Gryphæa cymbium.

Ce sera probablement au même étage qu'il faudra rapporter deux bandes étroites régnant près des sommets
du Jurjura, et considérées encore comme indéterminées
sur la carte ; elles contiennent des Ammonites encore
indéterminées et s'appuient sur la bande ancienne de
cette région comme dans les Traras. Ce point est d'ailleurs à revoir, car on peut y craindre des confusions
partielles avec des calcaires nummulitiques de même
aspect.

La série jurassique paraît être interrompue au-dessus
de ces assises, et s'il existe des traces représentant l'Oolithe inférieure et la grande Oolithe, elles n'ont point été
reconnues jusqu'ici avec certitude.

B. — **Jurassique supérieur** (oxfordo-corallien)

Dans la zone du littoral, ce terrain est confiné dans le
massif des Traras et dans le massif attenant à l'ouest de
Nemours. Dans la zone intérieure il forme une bande
continue depuis le Maroc jusqu'à la vallée du haut Chelif, sur le bord septentrional des hauts plateaux et la
zone tellienne qui les avoisine. Il discorde soit directement, soit transgressivement avec le Lias, dont il paraît
être séparé par une forte lacune dans la sédimentation
correspondant au terrain jurassique moyen.

(a) CALLOVO-OXFORDIEN. — Ce Jurassique supérieur
commence par des argiles et marnes alternant avec des
lits et des plaques de grès, ou avec des lits calcaires
minces, sur une épaisseur qui dépasse cent mètres. La
base est souvent très ferrugineuse, et sur certains points
présente un véritable minerai oolithique. Les Ammonites
n'y sont pas rares, et montrent la faune mélangée du
Callovien et de l'Oxfordien (Ammonites macrocephalus,
tatricus, Zignodianus, anceps, tortisulcatus, etc.). Elles
deviennent rares vers le milieu et paraissent manquer
vers le haut de l'étage. Les grès en plaquettes, qui se
développent surtout au voisinage et au-dessous de la
partie moyenne, sont couverts en beaucoup de points
d'empreintes en relief des formes les plus bizarres, dont
beaucoup sont dues sans doute à des êtres organisés,
mais dont d'autres ne paraissent que des ludus. On y
remarque des empreintes évidentes de conifères du
genre Brachyphyllum; d'autres rappelant une fronde de
cycadée ou de fougère simple à folioles obliques, mais
pouvant aussi n'être que l'empreinte du passage d'un
annélide. La fréquence de ces dernières les rend caractéristiques de l'étage dans une zone qui est un peu supérieure à celle des Ammonites.

Cet étage Callovo-oxfordien est bien développé dans
les Traras ; il forme une bande longeant le massif schisteux des Beni-bou-Saïd, entre la Tafna et Gar-Rouban et
bordant ensuite la frontière depuis le flanc du Djebel-Ras-
Asfour jusqu'à la lisière du haut plateau ; il reparait
dans la Yacoubia à la hauteur de Saïda, à l'Ouest et à
l'Est, dans le vaste cirque de Tagremaret jusque sous
Frendah, dans la Mina supérieure de la cascade à Me-
chera-Sfa, dans la vallée de Temda sous Guertoufa, et,
enfin, dans le sommet de l'Ouarsenis qu'il se partage
avec le calcaire liasique. Sur toute cette étendue, ses
caractères sont remarquablement constants.

A sa partie supérieure, vers l'Est, on trouve en discontinuité quelques gisements de polypiers où domine une

grande Tamnastrée foliacée. Au voisinage de Saïda, c'est un banc continu d'un à deux mètres d'épaisseur presque entièrement coralliaire et dolomitique, surmonté d'un banc de grès tendre ou de sable remarquable par de nombreux grumeaux plus fortement cimentés en forme de pisolithes. L'Ammonites tortisulcatus y reparaît (un peu fruste à la vérité); il y a quelques échinodermes : Pygurus, Hyboclypus, paraissant d'espèces spéciales, Collyrites ovalis, etc. La puissance augmente vers l'Est, les bancs deviennent plus compactes, et arrivent à former des escarpements dolomitiques d'une cinquantaine de mètres. Frendah est bâti au sommet d'un pareil escarpement, et sur l'assise de grès sableux qui surmonte la dolomie; un énorme tronc silicifié de conifère y gît encore presque en place, et sert de banc aux Arabes. La région des Sdama est limitée par des escarpements de cet horizon, ainsi que les plateaux supérieurs depuis Aïoun-Beranis jusqu'au haut de la vallée de l'Oued-el-Taht. L'escarpement de la cascade de la Mina appartient au même horizon, et c'est lui qui forme cette surface rocheuse si dénudée qui s'étend d'Oussekr à Taguin et Krosni. En bien des points des tiges d'Apiocrinus y abondent; un grand Pygaster rappelle l'umbrella, etc.

Dans l'Oued-Tamda, sous Guertoufa, les argiles oxfordiennes sont recouvertes par des calcaires avec concrétions siliceuses contenant des Polypiers, des Apiocrinus, Hemicidaris diademata, etc., qui paraissent occuper le même niveau, et représenter un faciès modifié dont les transitions avec le précédent sont masquées par les terrains tertiaires de Guertoufa. Le Djebel-Reuchiga, dans le milieu de la plaine de Sersou, paraît présenter ce même faciès.

(b) GRÈS CORALLIENS. — Dans l'Ouest ils recouvrent habituellement, d'une façon directe, les argiles oxfordiennes, et vers l'Est ils font suite à la couche à grumeaux pisolithiques ; leur grain est petit, homogène, souvent peu cohérent; les bancs sont épais, séparés par des lits minces argilo-marneux qui sont le plus souvent très fortement colorés soit en vert clair, soit en lie de vin foncé ; ils se superposent sur au moins trois cents mètres d'épaisseur. A Lalla-Maghnia ils renferment un horizon coralligère où les polypiers sont nombreux, variés, d'espèces différentes de celles des dolomies précédentes, et où l'on trouve Glypticus hieroglyphicus, Terebratula moravica, etc. Au-dessus de Tlemcen quelques intercalations de calcaires compactes contiennent en assez grande quantité Ceromya excentrica et des radioles de Cidaris. Auprès d'Aïn-Fekan, le calcaire forme des alternances plus fréquentes à un niveau peut-être un peu plus élevé, avec polypiers épars.

Plus à l'Est, vers le Djebel-Sidi-ben-Halyma et les Djeddar, l'alternance avec des calcaires et même avec des marnes s'accentue de plus en plus par transitions assez ménagées, sans lesquelles il serait difficile de reconnaître ici l'équivalent de la formation si homogène de l'Ouest. Les fossiles y font assez généralement défaut ; la puissance est atténuée, et il devient moins aisé de séparer l'étage de celui qui le recouvre, lorsque ce dernier est formé de calcaires marneux.

Les grès coralliens sont très développés sur le flanc sud du massif des Traras. Ils le sont aussi au maximum dans le massif intérieur depuis la frontière jusqu'au delà de Tlemcen, et y montrent des escarpements gigantesques qui donnent quelquefois toute la tranche de l'étage. L'Oued-Slissen, l'Oued-Tralimet, l'Oued-Houenet, l'Oued-Saïda, l'Oued-Taria en offrent aussi de très beaux développements. Mais les assises plongeant vers le Nord descendent de plus en plus vers le Tell en s'amincissant et en modifiant leur nature minéralogique, et, se relèvent enfin vers les hauts plateaux sous le nouveau faciès sus indiqué. Elles n'y paraissent guère dépasser la rivière de la Mina.

(c) CALCAIRES ET DOLOMIES. — Encore plus développé en puissance que le précédent, cet étage termine ici la série jurassique. Il est formé tantôt de dolomies plus ou moins sableuses, tantôt de calcaires gris ou bleuâtres, le plus souvent compactes, parfois un peu marneux et schisteux surtout vers le haut de l'étage ; ces deux compositions passent l'une à l'autre latéralement, d'une façon brusque et peu ménagée, semblant indiquer dans la plupart des cas des phénomènes épigéniques produits sur une très grande épaisseur. Dans ces deux faciès les couches présentent une assez grande homogénéité ; les fossiles y sont rares et ne consistent guère qu'en Nérinées encore peu étudiées et assez mal conservées ; la Natica hemispherica est la seule espèce jusqu'ici déterminée dans l'étage, ainsi peut-être que l'Ostrea solitaria, ou du moins une forme très voisine.

Représenté dans le massif des Traras, cet étage se développe surtout chez les Beni-Snous et à Tlemcen, où il couronne les escarpements des cascades avec une puissance d'environ quatre cent cinquante mètres. De la vallée de la Mekerra jusqu'à l'Oued-Zelamta, il recouvre les grès coralliens et forme une bande parfois interrompue par des dépôts plus récents et qui vers l'Est se restreint de plus en plus dans son affleurement. Au delà, si l'étage est représenté, il se distingue plus difficilement de son substratum corallien devenu très calcareux, ainsi qu'il a été déjà dit plus haut. C'est surtout le faciès dolomitique qui domine dans l'Ouest, et le faciès calcaire qui se montre presque seul dans l'Est, tandis que c'est l'inverse qui paraît être le cas réalisé pour l'assise à Crinoïdes, intercalaire entre l'Oxfordien et le Corallien gréseux. La liaison assez intime qui existe entre les calcaires à Nérinées et les grès à coraux ne nous paraît pas permettre de les séparer, et nous pensons qu'ils représentent la partie astartienne du Corallien d'Europe, les couches à crinoïdes représentant la zone argovienne. Cette attribution vient d'être tout récemment confirmée par la découverte à la partie tout à fait supérieure de l'assise calcaire d'un exemplaire de Pseudodiadema florescens.

---

§ 6. — TERRAIN CRÉTACÉ

Le terrain crétacé est représenté sur la carte par la teinte verte sous deux nuances : le vert foncé, avec la lettre n_1 est consacré aux assises les plus inférieures jusque et y compris l'aptien ; le vert clair avec la lettre n_2, comprend le reste du crétacé existant, y compris les portions où la distinction des étages n'est point encore faite.

A. — Crétacé inférieur

Le terrain néocomien est surtout caractérisé et facile à étudier entre Magenta et Daya, où la série se montre dans une coupe qui a plus de trois cents mètres d'épaisseur. Les premières couches sont marneuses alternant avec des grès et des calcaires marneux, et reposant sur les calcaires à Nérinées en discordance plus ou moins accentuée. Mais avant de développer cette coupe, nous avons une indication particulière à signaler :

A Lamoricière, un lambeau isolé de ces marnes contient beaucoup de fossiles de deux origines distinctes : les uns sont des fossiles remaniés, quelques-uns à l'état de moule, ayant servi de stratum à des Bryozoaires et autres animaux fixés ou encroûtants ; leurs espèces sont celles de Berrias, dont aucun autre gisement n'est

connu dans la province d'Oran, Ammonites berriasensis
et divers autres, ainsi que des Nautilus ; les autres sont
dans leur couche de dépôt, et comprennent : Ammon.
asterianus, Belemnites latus, Holectypus macropygus,
Toxaster africanus, Ostrea macroptera et Couloni, Terebratula prœlonga, etc.

Revenons à la coupe de Magenta à Daya.

A 20 ou 30 mètres de la base paraissent de nombreux
polypiers (Isastrœa, Montlivaultia) constituant un véritable coral-rag avec Natices et Pseudocidaris clunifera.
Des marnes ou argiles, alternant avec des lits et plaquettes de grès et de calcaires peu fossilifères, se pour-
suivent vers le haut, sur une épaisseur assez grande,
difficile à estimer, parce que ce niveau correspond à un
col boisé où les lits sont masqués ; mais l'ensemble doit
dépasser une soixantaine de mètres.

Au-dessus se développent des couches de grès épais
et homogènes, à grains assez réguliers, séparés par de
minces lits d'argile ou marne verte ou lie de vin, qui ont
la plus grande analogie avec les grès coralliens de Gar-
Rouban ou de Bou-Médine. On n'y trouve point d'autres
fossiles que quelques moules d'énormes Natices d'espèce inconnue. Les tranches de ces couches affleurent
sur le flanc escarpé du plateau qui supporte Daya et est
occupé par une belle forêt de pins d'Alep. Leur épaisseur
y est au moins de 300 mètres.

Le plateau est constitué par des calcaires blancs, un
peu marneux, en bancs plus ou moins épais, recouvrant
en concordance les grès, et renfermant le Toxaster
oblongus et quelques autres rares fossiles. Il paraît y
avoir quelques petites stations coralliaires, comme sur
le chemin du Telagh à Daya, mais elles n'ont pas été
étudiées. Ces couches se prolongent vers le Sud jusqu'au Djebel-Beguira ; elles correspondent à l'Urgonien,
tandis que les inférieures représentent le vrai Néocomien. Mais la puissante assise gréseuse ne présente
pas de caractères suffisants pour la rapporter à l'une

plutôt qu'à l'autre de ces subdivisions ; cependant elle paraît se lier plutôt au néocomien proprement dit par quelques alternances des grès et des marnes.

Ce faciès se maintient avec une grande constance, sauf en quelques détails des épaisseurs relatives, dans toute la chaîne qui borde les hauts plateaux au Sud, depuis le Maroc jusqu'au delà de Laghouat. Pour la grande formation gréseuse on y trouve des puissances encore plus considérables ; les couches y sont à grain plus grossier, passant souvent au petit poudingue, quelques-unes contenant beaucoup de petites amandes de quartz roulé, et les calcaires supérieurs y manquent assez généralement, bien qu'il en reste des témoins, comme sur plusieurs chaînons des environs de Chellala, à Kheneg-Azir, près Géryville, sur le flanc nord du Djebel-Amour où ils sont bleuâtres. Du côté du Tell, une série de lambeaux à Sebdou, Lamoricière, Aïn-Guelman, Djebel-Moxi, sont réduits pour la plupart aux alternances argilo-calcaires de la base, avec Toxaster africanus, et une partie au plus de la grande assise de grès. Quelquefois, comme à Guelmam, les bancs calcaires à Pseudocidaris clunifera prennent plus d'épaisseur et offrent par places un faciès dolomitique qui pourrait les faire confondre avec les calcaires à Nérinées jurassiques.

Le Zaccar de Milianah, le Doui, le Temoulga, les petites chaînes à l'est et au nord de Téniet-el-Had, une région assez étendue entre l'Ouarsenis et Orléansville, présentent un faciès un peu différent, probablement dû à des actions dynamiques, qui ont métamorphisé le terrain et ont produit ou occasionné une forte minéralisation dont le Zaccar est un des beaux exemples. Là comme à l'Oued-Rouïna et à Temoulga, il y a dans les calcaires des amas considérables de fer hydroxydé. Les argiles et les marnes ont été endurcies ; les grès sont devenus des quartzites ; les calcaires du dessus sont quelquefois cristallins, et certaines de leurs assises se délitent en dalles utilisées par les Maures pour leurs sépultures. C'est dans ces couches que le Toxaster oblongus a été trouvé au voisinage de Téniet-el-Had, ce qui fixe la détermination de la série qu'elles terminent.

Nous avons appliqué la dénomination d'Aptien à une formation qui nous paraît supérieure à celle dont nous venons d'exposer les caractères, mais dont nous n'avons pu jusqu'à présent constater directement la superposition. Ce terrain est presque entièrement constitué par des marnes plus ou moins argileuses, avec de rares alternances calcaires; leur épaisseur est considérable, mais difficile à mesurer. Ces marnes forment une étroite bande émergeant des terrains tertiaires sur le flanc nord du massif du Tessala et du massif des Beni-Chougran et d'El-Bordj; plus à l'Est elles occupent une grande partie du haut pays des Fliitas, la totalité des anciens aghaliks des Beni-Meslem et des Beni-Ouragh, du cercle d'Ammi-Moussa, et les parties limitrophes de l'arrondissement d'Orléansville. Elles constituent une région de collines bosselées, assez ravinée, en général fertile en céréales, presque partout dénudée. A la surface elles présentent en beaucoup de points de petites Ammonites ferrugineuses dont plusieurs sont déterminées comme aptiennes. On y a observé rarement des débris de Belemnites latus et la Terebratula prœlonga. Il ne serait pas impossible que ce soit un simple faciès résultant de différences bathymétriques; cependant le voisinage presque immédiat de ces marnes avec les assises marno-calcaires de la base à Toxaster africanus, dans la région de Mellega et de Hammam-Bou-Hanefia, le rapprochement de ces mêmes marnes chez les Beni-Chougran avec une zone gréseuse de la base renfermant des Ptérodontes, ne laissent que difficilement accepter une pareille hypothèse, car alors le passage latéral serait trop brusque. Il est toutefois remarquable que la grande formation gréseuse paraisse manquer en ces points; et quoique sa place soit masquée par des dépôts plus récents, et par suite qu'il soit impossible d'affirmer cette absence, on peut en rester presque convaincu, car cette place n'est guère suffisante pour recevoir une aussi épaisse formation. Toujours est-il qu'on peut admettre, au moins provisoirement, que ces immenses épaisseurs de marnes ne sont pas un faciès tellien du Néocomien ordinaire, mais un étage supérieur, l'Urgo-Aptien du grand groupe néocomien.

Dans le massif du Tessala, les bancs calcaires plus ou moins marneux forment des alternances plus fréquentes, et les fossiles sont plus empâtés; peut-être en ces points est-on plus rapproché des assises inférieures, par exemple des calcaires blancs à Toxaster oblongus qui seraient la première assise de cette grande série. Le gisement le plus occidental des marnes à Ammonites ferrugineuses est à Arlal, près Aïn-Temouchent, presque en face des beaux gisements de vrai néocomien d'Aïn-Requiza et Aïn-Guelmam, dont il est séparé par une ride helvétienne.

Dans la région orientale des hauts plateaux, l'Aptien se présente sous des caractères tout différents, étant formé de grès, de calcaires et de calcaires marneux gris ou bruns qui ont tous des aspects rigides, et semblent continuer le faciès du néocomien à Terebratula prœlonga. Mais les bancs de calcaire marneux et les marnes renferment l'Orbitolina lenticulata (ils en sont presque entièrement formés) et cela ne peut laisser aucun doute sur leur âge. C'est dans ces couches que se rencontre l'Enallaster Tissoti, autre fossile caractéristique. Ces couches à Orbitolines, si développées dans la province de Constantine, forment une partie du chaînon au nord des Zahrez et notamment au Kef-Hammam, la masse principale des chaînons étant néocomienne jusqu'à son extrémité orientale vers Aoutinat-el-Hamir. Des fossilles de cette provenance existent dans la collection d'Alger où nous les avons trouvés récemment; toutefois pour la carte cette région est marquée en vert clair, parce que la teinte a été distribuée avant cette constatation, et

que d'ailleurs la séparation possible avec d'autres étages
n'est point encore faite. Le Néocomien de Téniet-el-Had
semble aussi se continuer avec ses caractères lithologi-
ques dans des couches aptiennes qui au Djebel-Amrounat
renferment également l'Orbitolina lenticulata.

Peut-être faudrait-il rapporter au groupe néocomien
les lambeaux crétacés des Traras et des gorges de la
Tafna ; mais, outre la non identité de caractères litholo-
giques, ces lambeaux sont trop restreints et les fossiles
qu'ils ont fournis en très faible nombre, sont trop frustes
pour permettre encore une détermination d'horizon.

B. — Crétacé moyen

Cette division présente plusieurs étages, et l'inférieur
ou Gault est celui qui parait avoir le plus de développe-
ment en surface et en puissance. Il est composé d'alternances en nombre infini de lits argileux ou argilo-
gréseux, et de grès en lits ou en plaquettes plus ou
moins mêlés de nodules ferrugineux et de pierres d'aigle.
Des bancs de grès quartziteux discontinus, lenticulaires,
paraissent à divers niveaux, et la proportion des parties
argileuses et gréseuses varie assez notablement.

Développé surtout dans le Tell, ce terrain y a subi des
plissements et des écrasements énergiques compliqués
de refoulements et de failles, qui rendent bien difficile
l'étude de la série stratigraphique. Il semble manquer
dans l'ouest du département d'Oran; il y en a peut-être
quelques traces près de Sidi-Amadi, à l'ouest d'Oran, et
dans le Djebel-Diss, près de Mostaganem. C'est à Pont-
de-l'Oued-el-Hammam (Bou-Hanifia) qu'il commence à
se montrer bien caractérisé au-dessus de l'Aptien, avec
ses minces alternances gréseuses et le Belemnites minimus, et ses grosses masses de grès intercalées. Il recouvre les marnes aptiennes des Flittas, à Raouïa (pier-

res à meules), sous la forme uniquement gréseuse, et paraît aussi sous les escarpements tertiaires qui font face à Ammi-Moussa, dans l'Oued-Riou. C'est surtout dans la chaîne des Braz, depuis le Techta jusque dans celle des Aribs, et sous Milianah, qu'il prend tous les caractères signalés plus haut; il y a bien certainement plus de 300 à 400 mètres d'épaisseur, et son âge est fixé par ses fossiles les plus caractéristiques, malheureusement trop rares, Belemnites minimus et Ammonites mamillaris. Il forme le Taskroun de Médéa, où les fossiles sont un peu moins rares; il y en a des traces au Djebel-Mouzaïa; puis dans la vallée du Hamiz, près du Fondouk, il s'appuie directement sur le terrain cristallophyllien et remonte assez haut dans le bassin. Dans la vallée de l'Isser, c'est encore lui que l'on rencontre au sortir des gorges dites de Palestro, et il forme toute la vallée que suit la route de Constantine jusqu'au col qui conduit à Bouïra. Tout ce que l'on nomme la plaine des Aribs, région comprise entre les collines au nord d'Aumale et le sommet des ravins affluant à l'Isser, et où se trouvent les centres d'Aïn-Bessem, de Bir-Rabalou et des Trembles, est encore constitué par le même terrain, avec son même faciès et quelques-uns de ses fossiles caractéristiques; il est probable qu'il se prolonge encore vers l'Est, jusqu'auprès de Beni-Mansour.

Le Gault ou Albien, s'il est représenté sur les hauts plateaux, doit avoir une telle analogie de composition lithologique avec le Néocomien, qu'il n'a pu en être séparé; nous croyons probable qu'il n'y figure réellement pas.

L'étage suivant, ou Cénomanien, dans le Tell de la province d'Oran, ne nous offre que deux gisements qui soient bien déterminés.

Premièrement, le plateau des Sdama, entre la Mina et l'Oued-el-Taht, au nord de Frendah, et la partie occidentale du Sersou, en face de Tiaret, montrent des marnes grises ou des calcaires marneux cénomaniens reposant directement sur les couches coralliennes et remplis de fossiles le plus souvent à l'état de moule, sauf les Ostrea, parmi lesquelles abondent O. Scyphax et O. Overwegii (Coquand, non Von Buch). On y trouve aussi quelques fragments de grosses Ammonites du type du rhotomagensis ; une couche calcaire supérieure renferme un gros Strombus non déterminé. L'ensemble n'a pas plus d'une vingtaine de mètres de puissance et ne forme pas néanmoins l'accident le moins remarquable de cette contrée.

Deuxièmement, le petit massif encadré par l'Oued-Fergoug et l'Habra est en partie formé par des alternances de calcaires durs, parfois un peu siliceux, de calcaires tendres et marneux, et de marnes qui se présentent sous une apparence rubanée et, sur une assez grande épaisseur, en couches assez tourmentées, reposent sur le Gault et renferment quelques fossiles caractéristiques du cénomanien, Discoïdea cylindrica, Radiolites Nicaisei, rares et en mauvais état. Les parties supérieures, plus marneuses, représentent peut-être le Turonien.

Le Cénomanien à l'état de calcaire blanchâtre, parfois marneux et délitescent, d'autres fois très rigide et compacte, vient affleurer çà et là au-dessus des atterrissements du bord du Sahara, au pied des massifs néocomiens, tout le long de la chaîne, depuis le Maroc jusqu'au delà de Laghouat. Le Chebket-el-Beïda, au sud de Mograr, est un remarquable gisement fossilifère où le Rhabdocidaris Pouyannei est abondant. Ce sont les mêmes calcaires qui constituent toute la Chebka du Mzab et de Mellili, où ils ont été vus par M. Ville et déterminés par l'un de nous, et qui se prolongent jusqu'à El-Goléa, où M. Rolland, membre de la mission Choisy, les a étudiés avec soin ainsi que les marnes gypseuses et les calcaires turoniens qui les recouvrent. Ce sont les mêmes que Bou Derba avait vus sur la route de Temassanin, et que Roche, de la mission Flatters, a également étudiés et dont il a indiqué les limites d'extension au Sud.

Le terrain cénomanien du Tell de la province d'Alger est bien différent de celui du Sahara et présente beaucoup d'analogie de composition avec les lambeaux signalés plus haut chez les Beni-Chougran (Habra). Il est surtout développé en puissance et en étendue dans la chaîne du littoral qui commence chez les Beni-Mnacer, au nord de Milianah, et finit dans le Dahra. Immédiatement au-dessus des marnes gréseuses du Gault, se montrent des calcaires marneux ou siliceux plus ou moins schistoïdes donnant souvent lieu à des escarpements rocheux ou à des arêtes par les affleurements de leurs couches inclinées, et qui forment un repère précieux dans la complication orographique de cette contrée. On y trouve quelques fossiles peu déterminables, Belemnites, Ammonites Mantelli, des empreintes de fucus du type Granularia. Ces couches ont plus de cinquante mètres d'épaisseur en bien des points ; près de Hammam-Rhira, on les a exploitées pour ciment, et c'est dans les inouïs que se rencontrent quelques fossiles déterminables. Au-dessus, se développent, sur plusieurs centaines de mètres, des alternances de couches marneuses grisâtres variant de dureté, entremêlées de quelques bancs gréseux, surtout dans les parties supérieures de la formation et où on n'a pas rencontré de fossiles déterminables. Il n'est pas rare de trouver, dans les épaisses couches marneuses du haut, d'énormes rognons arrondis d'un calcaire jaunâtre très dur et très résistant. Il est probable que cette partie supérieure représente le Turonien ; mais il est encore impossible d'en avoir la preuve, et il serait bien difficile, en l'état, de fixer la zone où les deux terrains se séparent, non seulement par suite de l'absence de fossiles, mais encore par suite de l'absence de contraste lithologique dans cette épaisse masse dont toutes les parties sont très liées entre elles.

Un groupe de couches superposées au précédent, en concordance absolue, commence par une zone de calcaires schistoïdes marneux plus ou moins siliceux par places, maculés sur les plans de schistosité par des fucoïdes très semblables à ceux des calcaires schistoïdes de la base du précédent. C'est, en quelque sorte, la répétition de cette zone de la base, sauf un peu moins d'épaisseur et moins de rigidité dans les tranches, parce que la roche est plus argileuse et se délite moins difficilement ; les Belemnites et Ammonites y font aussi défaut. Au-dessus, se succèdent des assises marneuses tendres, quelques plaquettes de grès formant parfois des bancs peu étendus et dans lesquels on trouve quelques fossiles, entre autres les Ostrea Nicaisei, dichotoma, proboscidea, qui indiquent l'étage senonien ; leur puissance peut être d'une centaine de mètres. Elles supportent une formation gréseuse d'une puissance presque égale, absolument concordante, dont les bancs épais sont séparés par des lits argileux très minces. Dans l'un de ces derniers, très ferrugineux et de quelques centimètres d'épaisseur, pullule une Orbitolina que l'on a confondue avec la lenticulata et qui avait fait rapporter ces couches à l'aptien. Mais leur superposition aux précédentes est incontestable, et elles ne peuvent être au plus que sénoniennes ; dans toute la chaîne qui nous sert de type, l'ensemble de ces couches plonge vers la mer, et c'est toujours sur les caps et les saillies que se montrent les grès, tandis que les marnes se montrent dans les baies et les enfoncements de la côte.

L'Atlas d'Alger, depuis le Mouzaïa jusqu'à l'Isser, paraît être constitué par le même système ; nous avons vu que vers l'Est, c'est le Gault qui paraît reposer sur le terrain cristallin. Sur la route d'Aumale, le Gault ne paraît point, et au-dessus des assises calcaires et schistoïdes de la base du cénomanien, se déroule l'interminable série des marnes jusqu'aux points culminants de la route, avant les Deux-Bassins, où se montrent les énormes

nodules des couches supérieures; les fossiles y sont
aussi rares que dans la chaîne des Zatyma; on a cependant constaté la présence d'Inocérames, près des Deux-Bassins. Près de Blidah, les contreforts inférieurs semblent représenter la grande assise supérieure des grès,
avec les marnes sénoniennes qui la supportent. Les
gorges de la Chiffa sont ouvertes, en partie au moins,
dans les couches cénomaniennes, qui ont ici pris une
plus grande rigidité, due sans doute à une plus grande
énergie des actions dynamiques qu'elles ont subies;
cela leur donne un faciès un peu différent et pourrait
faire douter de l'exactitude de leur détermination, si
quelques rares fossiles du Mouzaïa ne venaient la confirmer, autant du moins que le permet leur conservation
imparfaite.

Le Cénomanien reposant sur le Gault, forme une
grande bande, avec des caractères particuliers, depuis
la limite orientale du département d'Alger, vers Beni-Mansour, jusqu'au delà du Chelif, au nord de Boghar, en
passant par Aumale. La base présente d'abord des bancs
de calcaires très durs, alternant avec des marnes délitescentes, dans lesquels les fossiles sont rares, puis
des marnes plus ou moins calcarifères, très riches en
fossiles; on y trouve tous les caractères d'une faune cénomanienne typique, et même un assez grand nombre
des espèces des bassins du nord de la France, Ammonites, Scaphites, Turrilites, etc. Les assises calcaréo-marneuses se succèdent sur une immense épaisseur au-dessus des précédentes, mais presque sans fossiles,
jusqu'à ce que reparaissent, en quelques points, dans
des marnes délitescentes, quelques fossiles qui, comme
Ostrea santonensis, spinosa, dichotoma, Nautilus Dekayi, indiquent l'étage sénonien. Ses limites ne sont
point encore relevées et sont difficiles à reconnaître là
où il n'y a pas de fossiles; il nous suffira de citer la
haute vallée de l'Oued-Djennan (route d'Aumale à Bou-Saâda) et les environs de Boghari.

La chaîne des collines du sud des Zahrez, qui s'appuie sur le Senalba et se prolonge vers Bou-Saâda, est en majeure partie constituée par ce même ensemble. Les couches sénoniennes, peu puissantes, forment une longue bande étroite et en fond de bateau, de calcaire rocheux, dont les assises inférieures, atteintes par les puits à Oglat-Selim, renferment les fossiles de l'étage. Les couches turoniennes, riches en Rudistes, sont exploitées à quelques centaines de mètres au nord de Djelfa, sur la rive droite de l'Oued ; d'autres calcaires leur succèdent en descendant la série, sans doute cénomaniens ; sous ces derniers, de puissantes assises de grès forment des gorges jusqu'au moulin dit de Djelfa, où l'Heteraster oblongus, recueilli par Nicaise dans des marnes sous-jacentes, lesquelles sont par conséquent aptiennes, semble indiquer que ces grès pourraient être les représentants du Gault. Sur ce point, un pli anticlinal avec faille probable ne tarde pas à ramener les assises presque crayeuses du Sénonien, où ont été recueillis des Ceratites, des échinides et bien d'autres fossiles décrits par les auteurs. La délimitation des étages est encore à faire dans cette région, et nous ne donnons ces détails stratigraphiques que d'après une reconnaissance rapide, insuffisante pour des tracés.

---

§ 7. — TERRAIN NUMMULITIQUE

Ce terrain est représenté sur la carte par la teinte terre de Sienne et la lettre v.

Nous n'avons pas beaucoup à nous étendre sur ce groupe de terrains, dont les gisements principaux sont précisément dans les régions sur lesquelles n'ont point porté nos recherches personnelles, et qui même n'ont fait l'objet d'aucune étude spéciale et de détail.

On regarde comme suessoniennes des couches de marnes ou d'argiles très gypseuses, renfermant en abondance une huitre citée par Nicaise sous le nom d'Ostrea boghariensis, et qui ne parait être que la stricticostata (Raulin). La couche qui les contient est quelquefois calcaire et contient aussi des rognons de silex. Il paraît exister une bande de ces marnes depuis l'Oued-Djenan (près des Barrages) jusqu'aux environs de Boghari, et un peu au nord d'Aïn-Oussera, deux points extrèmes où nous les avons observées récemment. Dans cette dernière région, ces marnes sont recouvertes par des grès tendres ou durs qui nous ont paru être d'âge miocène. Mais cette détermination aurait besoin d'être corroborée par des études plus détaillées.

Au cap Ténès, au cap Chenoua, au Djebel-Bou-Zegza, dans les gorges de Palestro, sur les crètes et le versant méridional du Jurjura, des calcaires à Nummulites, d'une grande puissance, très durs et compactes, constituent des surfaces blanchâtres, rocheuses et escarpées. A leur base, où les grandes Nummulites sont très abondantes, ils alternent avec des bancs de grès calcarifères plus ou moins nombreux, et ont pour substratum concordant des bancs de poudingue à éléments de grosseur variable, pour la plupart quartzeux ou quartziteux, et dont la puissance variable peut dépasser une cinquantaine de mètres comme au Chenoua. Les calcaires ont souvent une texture bréchoïde, avec des colorations ferrugineuses qui en font de fort beaux marbres (Tipaza, Bou-Zegza). Les fossiles y sont rares en dehors des Nummulites et des Orbitolites ; on les attribue à l'étage parisien.

Dans la province d'Oran il n'en a été constaté que des lambeaux insignifiants, savoir : A Aïn-Farès, dans la région de Bel-Abbès, sur la berge gauche de l'Oued-el-

Hammam sous le village, au Dir-el-Sloughi entre Mascara et le point précédent, et à Sidi-Mohammed-ben-Aouda, sur la Mina. Ces lambeaux, dont aucun n'a pu être marqué sur la carte, sont évidemment les restes d'une formation démantelée peu puissante ; elle a des poudingues à sa base et au-dessus des calcaires souvent friables et pétris de Nummulites lœvigata.

Le Djebel-Naga, près Sidi-Aïssa, route d'Aumale à Bou-Saâda, renferme aussi des calcaires à Nummulites où nous avons trouvé également quelques dents de Lamna dans les parties marneuses. Au-dessus de celles-ci, des calcaires durs renferment des rognons siliceux en assez grande quantité ; nous n'avons pas vu le substratum dans le contrefort du Naga que nous avons pu visiter, et nous n'avons pas vu non plus quelle est la part exacte de cette formation dans la constitution du massif.

Nous n'avons aucun détail sur la constitution de l'ilot de Birin (sud-est de Boghari) ; mais il y a à la collection d'Alger du calcaire à Nummulites de cette provenance.

Le Kef-Ighoud, au nord de Toukria et au sud-ouest de Teniet-el-Had, comprend un petit affleurement de grès argileux contenant de petites Nummulites en quantité, et d'assez nombreux échinodermes, Pericosmus, Schizaster, Echinolampas, plusieurs Eupatagus d'espèces inconnues ou mal conservées et difficilement déterminables ; c'est un faciès qui rappelle Biarritz ; mais il serait peut-être prématuré de se prononcer dores et déjà sur ce synchronisme.

Enfin, on a souvent cité comme appartenant au terrain nummulitique une puissante formation de grès souvent micacés, en gros bancs séparés par des lits minces d'argiles vertes ou ferrugineuses, et commençant souvent par des grès argileux ou marneux plus ou moins développés. Ces couches sont presque partout sans fossiles ; près de Soumah seulement on y a découvert de petits bancs de grès calcarifère pétris de très petites

Nummulites. Stratigraphiquement, ces grès sont plus anciens que ceux dont nous parlerons ci-après sous le nom de cartenniens, et ils paraissent d'ailleurs postérieurs aux calcaires nummulitiques de l'étage parisien. Cependant ce dernier fait ne ressort pas encore directement de nos observations, et c'est une recherche à faire. Jusqu'à vérification nous considérerons ces grès comme étant de l'âge des macignos d'Italie qu'ils paraissent représenter ; les types peuvent s'observer à l'est de Soumah et entre l'Arba et le Fondouk ; on les dit très développés du côté de Dellys.

§ 8. — TERRAIN CARTENNIEN
(Bormidien de Pareto)

Ce terrain est représenté sur la carte par la teinte violet foncé, avec la lettre μ_1.

C'est essentiellement un terrain d'origine clysmienne ; le plus souvent il commence par des assises plus ou moins puissantes de gros poudingues, avec ou sans lits argileux, souvent remplacés par de simples grès très grossiers. Une Ostrea aussi épaisse que la crassissima et à canal du ligament aussi étendu proportionnellement, mais de forme circulaire, y est assez fréquente ; dans les grès paraissent les premiers Clypeaster, des Amphiope à lunules transversalement linéaires et rebordées, le Schizobrissus, etc. En quelques points il y a des coraux formant de véritables récifs, comme à Adélia, à l'Oued-Mehabba des Gourayas, ou des calcaires très approchants, comme à Sidi-Zaher et sur le flanc gauche de la vallée de la Mouilah. En quelques points, comme à

Cherchell ou à Bled-Chaba, au confluent de la Mouilah
et de la Tafna, ces poudingues reposent sur des sables
ou des grès quartzeux blancs, plus ou moins mêlés de
lits d'argile blanche parfois très salée, formant un ensemble de plus de cinquante mètres de puissance. En
d'autres points, comme à l'ouest de Milianah et au pied
du Zaccar, le poudingue est à ciment argileux peu cohérent, ses éléments sont petits, et il renferme alors des
Turritella, des Venus, etc.

L'assise supérieure manque souvent; elle est très
développée à Adélia et sous Milianah, puis aux environs
de Cherchell, et encore davantage dans les Traras, sur
le flanc nord du Djebel-Tadjerah. Elle est formée par des
marnes brunes ou grises et bleuâtres suivant les points,
se délitant difficilement en grumeaux, et donnant lieu
à des mamelons arrondis. Les fossiles y sont rares ;
cependant en quelques points plus argileux les foraminifères sont abondants et variés. C'est dans ces marnes
qu'en deux ou trois localités a été découverte la belle
série de spongiaires que l'un de nous a décrite. Le principal gisement est au Djebel-Djambeïda, entre l'Oued-
Nador et l'Oued-el-Hachem ; un second encore, peu ex-
ploré, se trouve chez les Amraouas de Ténès ; le
troisième, bien plus pauvre, est au Djebel-Sidi-Saïd, du
Dahra. Près de Cherchell et à l'Oued-Messelmoun, ces
marnes ont pris un aspect pépérineux très remarquable,
et il faut y regarder de près pour reconnaître leur origine sédimentaire ; un phénomène identique s'est produit sur certains points des Traras. A Cherchell même
la minéralisation de certains lits un peu gréseux en a
fait des roches dures que l'on exploite comme pierre
d'appareil.

Ce terrain est en outre très remarquable par le déman-
tellement qu'il a subi, et qui l'a réduit en un grand nombre de lambeaux épars dans toute la région du Tell. Il
serait trop long et hors de propos d'énumérer tous ces
lambeaux avec leurs caractères particuliers ; il suffira

d'indiquer les principaux cantons où on peut étudier la formation, vallée de Hanaï ou Honaïm, point où la puissance visible dépasse six cents mètres et où la série des marnes se couronne de poudingues et de quartzites, vallée de la Tafna, notamment vers le confluent de la Mouilah, Dahra oranais, Ténès, Cherchell, Milianah, etc. Ce terrain se retrouve à Aumale.

Nous avons considéré comme contemporains des poudingues annonçant la même origine clysmienne, mais dans lesquels l'absence d'organisme fossile dénote un dépôt continental, et que leur gisement orostratigraphique indique être antérieurs au terrain helvétien. Ils sont très développés à Tyout, à Bérézina, sur le bord du Sahara, au sommet du Djebel-Amour entre Aflou et Sidi-Bou-Zid. Ils couvrent encore une assez grande surface au Rocher-de-Sel des environs de Djelfa, et il paraît en exister des lambeaux plus restreints et non marqués sur la carte, notamment à l'Auberge-des-Ruines, entre le Rocher-de-Sel et Djelfa, et dans les environs de Chellala-Dahrania.

------

§ 9. — TERRAIN HELVÉTIEN

Ce terrain est représenté sur la carte par la teinte violet clair, avec la lettre μ_2.

Nous donnons probablement à cette expression plus d'extension que ne le font les géologues qui l'ont déjà employée. Mais il nous a paru que les strates que nous réunissons ici ont entre eux une continuité telle qu'il n'y a pas lieu de les subdiviser, et qu'ils doivent former une série continue quoique étagée. Ils discordent fortement avec le Cartennien, et le plus souvent par transgressivité. La série la plus complète est celle que relèverait une coupe de Hammam-Rhira au Chelif, entre le Djendel et Aïn-Soltan.

Les couches inférieures sont formées de marnes et d'argiles avec alternances plus ou moins nombreuses de grès parfois argileux, et quelques lits calcaires contenant des Bryozoaires ; il y a quelquefois tout à fait à la base des conglomérats formés de débris peu roulés ; l'épaisseur est au moins de trois cents mètres. Ces couches constituent tout le flanc de l'Oued-el-Hammam, depuis le substratum crétacé jusqu'à la rivière, et plongent vers le Sud un peu Est. Sur les premières pentes du revers opposé elles supportent des calcaires concrétionnés en bancs épais contenant de nombreux débris organiques, ou pour mieux dire formés en grande partie par des algues calcifères, Melobesia ou Lithothamnium, de nombreux bryozoaires, quelques coralliaires, des foraminifères et des mollusques, Spondyles, Peignes et Huitres. En ce point particulier les oursins sont très rares ; mais ce niveau est presque partout remarquable par l'abondance des Clypéastres et leurs formes variées, celle des Échinolampes de grande taille, et quelques Schizaster, Spatangus et Brissopsis. Il y a même en certains points de vrais récifs de coraux, en général d'espèces différentes de celles du Cartennien. Ces calcaires alternent avec quelques bancs de grès jaunâtres un peu argileux, lesquels se prolongent un peu au-dessus en alternant avec des marnes. Le contrefort du Zaccar, entre l'Oued-el-Hammam et l'Oued-Bou-Alouane, est en majeure partie constitué par ces couches au moins sur son revers nord ; les couches sont un peu ondulées et leur puissance n'est pas facile à estimer ; elle peut bien atteindre quatre-vingts à cent mètres. Elle est du reste variable, car sur les bords du bassin, vers Bou-Medfa par exemple, le calcaire à Mélobésies s'atténue jusqu'à disparaître. Les marnes grises très délitescentes de la vallée de Bou-Alouane font suite aux alternances argilo-gréseuses et forment les deux flancs de la vallée. Elles plongent vers le Sud d'une quantité variable que leur nature ébouleuse par délitescence rend très difficile à apprécier; les foraminifères, ceux du groupe des Textulaires surtout, n'y sont pas rares; mais il n'y a que des empreintes très détériorées de coquilles d'acéphales et de gastéropodes, et encore sont-elles extrèmement rares. Ces marnes donnent lieu à des surfaces dénudées qu'envahit le Daucus aureus, et elles constituent des terres très réputées pour la production des céréales. Elles salissent et salent plus ou moins toutes les eaux qui les traversent. En supposant qu'il y en ait une centaine de mètres d'épaisseur sur le flanc nord de la vallée, leur puissance totale peut être estimée à près de quatre cents mètres, épaisseur sur laquelle elles sont à peine diversifiées par quelques lits ou plaquettes gréseux ou calcaires. C'est le plus mauvais des terrains pour l'établissement des travaux publics.

A la partie la plus supérieure apparaissent quelques bancs de grès intercalés ; ce sont les premières assises d'une puissante formation qui couronne le faîte du Gontas et couvre tout son versant vers le Chelif sur une épaisseur de 200 à 300 mètres, suivant les lieux, avec une inclinaison qui est peu différente de celle de la surface. Le voisinage du contact de cette masse arénacée avec la masse marneuse sous-jacente, est le gisement habituel de l'Ostrea crassissima, qui y forme parfois des bancs considérables, et en est le fossile le plus caractéristique. Ce grès est plus ou moins grossier, ordinairement tendre, et ses couches les plus élevées passent en certains lieux à l'état de poudingues, dont les grès et poudingues cartenniens ont quelquefois fourni les matériaux.

Ainsi au grand complet cette formation n'a pas moins d'un millier de mètres d'épaisseur; mais elle est loin d'être partout aussi complète. Sur la rive droite du Chelif, l'assise inférieure manque habituellement et le calcaire à Mélobésies est lui-même très atténué, les deux étant remplacés par quelques dépôts conglomérés avec quelques Clypéastres et de grands Peignes. Il en est à peu près de même pour une bande longue et étroite qui commence à l'est de Téniet-el-Had et se poursuit par Tiaret, la Mina, la plaine d'Eghris, celle des Beni-Sliman jusqu'à Bel-Abbès. A Tiaret, le calcaire à Mélobésies et Clypéastres est réduit à un simple banc d'un mètre à peine en certaines places, et en s'étendant dans la plaine du Sersou il prend un faciès franchement dolomitique qui le fait confondre avec les dolomies secondaires. En général la puissance des argiles qui le recouvrent est diminuée, mais les grès, quoique variables aussi, conservent une assez grande épaisseur, témoin ceux de Guertoufa, où les premiers bancs un peu poudingués ont été pris pour des bétons romains.

Sur la rive gauche du Chelif, à partir de l'Oued-Fodda, et dans le prolongement. jusqu'au Tlélat, les couches marno-gréseuses de la base sont très développées ; les calcaires à Mélobésies y ont une grande puissance. Au voisinage d'Aïn-Temouchent, le calcaire à Mélobésies et coraux repose sur les terrains anciens et devient très gréseux ; mais en général vers l'Ouest, dans tout l'arrondissement de Tlemcen, ce sont les couches les plus inférieures qui constituent avec une grande puissance la majeure partie de la formation, les parties supérieures s'atténuant au point de n'être plus représentées que par de petits lambeaux de calcaires concrétionnés avec polypiers et de marnes sableuses à Ostrea crassissima.

On voit par cette énumération que le terrain helvétien, tel que nous le délimitons, occupe dans le Tell des deux départements des surfaces très étendues et en quelque sorte continues, depuis le méridien d'Alger jusqu'au Maroc.

§ 10. — TERRAIN SAHÉLIEN
(Tortonien de Pareto)

Ce terrain est représenté sur la carte par une teinte jaune rabattue de gris, accompagnée de la lettre m_3.

Il est en quelque sorte confiné sur le littoral; il forme le Sahel d'Alger jusqu'à Cherchell et une bande qui suit le flanc droit de la vallée du Chelif, en commençant près de Duperré, s'étend, en le contournant, sur le flanc septentrional du Dahra, pénétrant plus ou moins par places dans son intérieur et se prolonge ensuite dans tout le plateau de Mostaganem. On le retrouve au delà dans la plaine d'Oran et sur les flancs du massif ancien, et il se termine au voisinage du Rio-Salado. On en a signalé au cap Milonia un lambeau se prolongeant en Maroc.

Ce terrain commence le plus souvent par des grès grossiers qui, aux environs d'Oran, sont formés aux dépens de trachytes dont les gisements sont aux îles Habibas, et ont été pris parfois pour des roches éruptives, malgré les nombreux fossiles qu'ils renferment. Leur épaisseur est assez inconstante, et toujours assez faible; du côté de Pont-du-Chelif, ces couches sont de simples grès argileux verdâtres un peu micacés; au cap Figalo elles forment une assise d'une quarantaine de mètres de kaolin micacé très homogène; à El-Biar, ce sont des grès grossiers à Clypéastres ou de petits poudingues à éléments quartzo-schisteux, sans continuité. — L'assise qui vient au-dessus est la plus constante du terrain et se montre sous deux faciès. Sous le premier c'est un calcaire blanchâtre, d'apparence concrétionnée, renfermant beaucoup de Mélobésies et de Bryozoaires, avec des Foraminifères où dominent les Globigérines, et avec l'Ostrea cochlear, si semblable à la vesicularis. Ce fait, joint à la présence de bancs inférieurs plus marneux et d'apparence crayeuse ou tuffacée, avait contribué à faire donner le nom de craie à ce terrain par le micrographe Ehrenberg qui en a étudié les nombreux spicules de spongiaires, les radiolaires et les diatomées. Mais ces calcaires ne sont en quelque sorte que des récifs coralligènes, et en dehors du massif d'Oran l'assise est une marne blanchâtre, partout très riche en Globigérines, renfermant toujours l'Ostrea cochlear et en bien des points une faune de mollusques identique à celle qui est réputée caractéristique du Tortonien. La puissance de cette assise est difficile à évaluer exactement, à cause des ablations subies par la surface ; nous estimons qu'elle dépasse cent mètres. Les poissons assez nombreux des couches inférieures marneuses d'Oran ont des espèces représentées dans le gisement de Licata également considéré comme Tortonien, c'est-à-dire Sahélien, puisque cette dernière dénomination a la priorité sur celle de Pareto. La stratification est du reste nettement discordante, et surtout transgressive à l'égard du terrain antérieur, et, quand le sahélien s'est formé, l'helvétien avait déjà subi de gigantesques ablations et dénivellations.

Dans tout le Dahra des bancs de gypse très puissants sont intercalés dans les marnes sahéliennes ; les grottes du Dahra (Sfalou et Negmaria) sont ouvertes dans ces gypses qui paraissent stratifiés régulièrement.

---

§ 11. — TERRAIN PLIOCÈNE
(Astien)

Ce terrain est représenté sur la carte par la teinte jaune franc, accompagnée de la lettre ρ.

Il est encore plus limité en étendue que le précédent, et encore plus rejeté vers la côte ; il le suit cependant, en quelque sorte, tout en présentant avec lui des discordances de stratification directes et transgressives, quelquefois considérables.

A Alger ce terrain est composé de molasses, formant comme un manteau au Sahel, sur les marnes de l'époque précédente ; la roche renferme plus ou moins de débris calcaires d'animaux marins, et surtout des Mélobésies. A mesure qu'on s'élève, on voit les couches devenir de plus en plus sableuses, et passer même, tout à fait en haut, à un vrai petit poudingue, comme on peut l'observer à Kouba, au-dessus du Jardin d'Essai, et à Beni-Messous ; la puissance est variable et ne paraît pas dépasser une soixantaine de mètres. Le plus souvent, les premières couches sont un peu falunières, avec des fossiles tortoniens mélangés aux astiens, Ceratotrochus duodecimcostatus, par exemple. Le fossile le plus caractéristique est la Terebratula ampulla, de la variété typique ; on peut signaler encore un Echinolampas voisin du Hofmani, un Spatangus presque dépourvu de gros tubercules, un Echinus voisin du melo, mais plus petit ; en certains points, l'Ostrea foliacea y forme de véritables bancs et atteint une grande taille. Un peu plus à l'Ouest, ces molasses s'amincissent et semblent se continuer dans des calcaires d'apparence lacustre, contenant des hélices, calcaires mélés à des sables, que l'on rencontre à partir de Coléa jusqu'au delà de Kber-er-Roumia, et que l'on retrouve encore formant corniche au col de Sidi-Moussa, au nord de Zurich.

Il faut probablement placer au même horizon des couches de sables gréseux, avec calcaires lacustres, qui remontent dans l'Oued-Rouman, près du Djebel-Sidi-Mohammed-ben-Ali, d'autres dépôts de sable ferrugineux qui forment quelques lambeaux chez les Braz et les collines de la rive droite du Chelif, en face d'Orléansville. Ces dernières sont presque en continuité avec les

grès tendres qui revêtent le pied sud du massif du
Dahra, sur le flanc droit du Chelif. Or, ces couches renferment, chez les Msila des Beni-Zeroual, quelques gisements des mêmes fossiles qu'aux environs d'Alger,
Echinolampas, Spatangus presque lisse, et il ne peut
rester de doutes sur leur synchronisme.

Plus vers l'Ouest, au delà du Chelif, la formation s'é-
tale, recouvre tout le plateau de Mostaganem et va s'ap-
puyer contre les collines qui prolongent le flanc gauche
de la vallée du Chelif, depuis Relizane jusqu'au barrage
du Sig, sauf la coupure de la Mina. Sur toute cette étendue, les couches pliocènes sont fortement relevées
contre le flanc des collines helvétiennes ou sahéliennes,
et vers le Sig elles renferment un magnifique Schizaster
trapu, à fasciole latéral presque oblitéré, qui se retrouve à Millas, près de Perpignan (collection Massot).
La dépression de la Macta sépare ce plateau de celui
qui s'étend par Saint-Leu jusqu'au delà d'Oran, vers la
barrière non franchie que paraît avoir formée alors le
contrefort sahélien de la ,tour Combes. La forêt d'oli-
viers de Muley-Ismaël semble en tracer les limites;
mais, en réalité, on retrouve les grès pliocènes dans les
puits du Tlélat et sous le quaternaire de Valmy. A Oran
même, les falaises à l'est de la ville en sont couronnées,
et une étroite et mince corniche, élevée fort haut sur les
revers nord du Djebel-Kahar et du Djebel-Orousse, leur
forme une ceinture se reliant presque à la plate-forme
de Saint-Leu, et traçant, en quelque sorte, l'île que for-
mait alors ce massif.

A l'ouest d'Oran, c'est encore par une corniche semblable que le terrain se relie avec les dépôts qui du col
de Khadidja s'étendent, presque sans discontinuité, jusqu'au voisinage de Camerata, en s'élevant au moins à
400 mètres et restant toujours sur le revers nord du
massif ancien, en évitant de paraître dans le bassin de
la Sebkha. Près du cap Figalo, quelques couches sablo-
marneuses contiennent encore des Clypéastres avec la

Terebratula ampulla et beaucoup d'autres fossiles. Il y a même çà et là des récifs de polypiers astréens, les plus récents que nous connaissions dans le bassin méditerranéen.

Un autre fait vient attester l'ancienneté relative de ces couches pliocènes que l'état meuble et en forme de dunes avec nombreuses hélices des lits supérieurs, avait fait considérer comme appartenant à l'époque quaternaire. C'est la présence d'un Hipparion bien caractérisé dans ce même terrain, et peut-être même dans un remaniement de ses sables par des marnes charbonneuses de lagunes avec Cardium edule, Cérites, Mélanies, Mélanopsides, Bithynies, etc., qui ont donné lieu à quelques recherches de combustible près du polygone d'Oran. Il est incontestable que ces couches à Hipparions sont au plus contemporaines des premières assises sableuses de notre Pliocène, tandis qu'en Europe les Hipparions sont le plus souvent considérés comme d'époque tortonienne. Cette date nous paraît toutefois impossible à admettre ici et elle ne nous semble même pas absolument établie dans les environs de Montpellier; mais en tous cas ce fait milite en faveur de l'antériorité aux temps quaternaires du terrain dont il est ici question.

Quelques-uns des dépôts marins de Rachgoun, mêlés de débris volcaniques et marqués comme quaternaires sur la carte, pourraient peut-être appartenir en réalité à l'époque pliocène; la chose est certaine pour un lambeau du cap Milonia, où les sables à Clypéastres du cap Figalo ont été observés par M. Vélain.

Nous avons marqué comme pliocène, au moins à titre provisoire, un îlot continental touchant Sebdou, composé d'une grande épaisseur de poudingues reposant sur une assise de calcaires blanchâtres assez compactes à faciès d'eau douce. Cette attribution est déterminée par les mouvements observés dans les poudingues, mais elle laisse quelque incertitude qui pourra sans doute être levée par la découverte de fossiles dans les calcaires. La place ainsi provisoirement donnée à cet îlot est d'ailleurs la plus récente qu'il puisse occuper.

---

§ 12. — TERRAINS QUATERNAIRES

Ces terrains sont représentés sur la carte par une teinte grise, accompagnée de la lettre δ.

Ils composent un ensemble assez complexe et dont la classification très difficile est encore loin d'être satisfaisante. Nous n'avons pas cru devoir, ou même, pour parler plus juste, pouvoir les subdiviser sur la carte; la raison principale en est dans les nombreuses incertitudes qui restent à l'égard de beaucoup de ces dépôts alluvionnaires ou d'atterrissements continentaux, et dans l'impossibilité fréquente d'en saisir les relations stratigraphiques avec les terrains portant en eux-mêmes l'indication de leur âge relatif.

(a) ATTERRISSEMENTS ANCIENS, TERRAIN SUBATLANTIQUE. — En général, les grandes plaines du Tell sont comblées par des atterrissements de transport violent dans leurs parties inférieures, formant des bancs épais de cailloux roulés de tout volume, le plus souvent incohérents, plus rarement agglutinés en poudingues. Ils sont recouverts par un limon gris-jaunâtre assez souvent homogène, contenant par places des grumeaux calcaires et formant assez souvent, au pourtour des bassins, des corniches basses ou plateformes au-dessus des plaines actuelles. Il y a souvent des exceptions à cette composition, et en bien des points il y a des dépôts plus irrégulièrement conglomérés, à cailloux, sable et limon plus ou moins mélangés. Mais ce sont souvent là les cas douteux, quand ils se rapportent à de petits bassins plus ou moins indépendants.

Ce terrain quaternaire se relève souvent considérablement sur les flancs des bassins, et sous des angles ou à des distances qui impliquent forcément une dénivellation du sol postérieure à son dépôt ; le fond de la Mitidja, auprès de Marengo, la plaine du Chelif, au sud-ouest du Djendel, les environs du Sig, en sont des exemples remarquables ; ils offrent, en quelque sorte, un cachet d'ancienneté spécial qui engage à les classer à l'origine des temps quaternaires.

Ces grands dépôts clysmiens se montrent non-seulement dans les basses vallées de la région tellienne, mais encore et avec des caractères identiques, sur celles qui en occupent les gradins. Ils existent aussi, et avec des épaisseurs bien plus considérables, sur les hauts plateaux de l'Ouest. On les retrouve sur les gradins du versant du Sahara (Sidi-Tifour, par exemple), et ce sont très probablement les mêmes qui forment cette grande et puissante nappe de dépôts d'atterrissements qui, des plaines inférieures de l'Atlas, s'étend sur les immenses plaines du Sahara oranais, en y formant ces gour géants de l'horizon de Brizina, témoins des dénudations immenses que cette nappe a subies au voisinage de son bord septentrional. Ici encore ce sont, à la base, de puissants dépôts de galets qui n'affleurent que sur le flanc des derniers coteaux, et, au-dessus d'eux, des limons gris terreux avec grumeaux calcaires ; mais ici la puissance est bien plus considérable. A distance, il apparaît, sur les tranches des gour, des zones de stratification traçant quelques niveaux espacés de nature un peu différente ; cet effet est dû souvent à la présence de petits cristaux de gypse donnant plus de cohésion, ou à un peu plus d'éléments calcaires, ou à des lignes plus sablonneuses se laissant surplomber. On constate, en

outre, l'existence de couches de gypse en petits cristaux ou pulvérulent, quelquefois fibreux, formant de
grandes lentilles, surtout dans les zones inférieures. La
surface, qui prend le nom de Hamada, est endurcie, rocheuse, formée comme par une carapace dont le calcaire est le ciment et constituant de vastes étendues
pierreuses que l'on ne s'attendrait pas à trouver sur des
dépôts d'origine limoneuse. Cette carapace existe aussi
dans le Tell ; mais elle n'y apparaît point seulement sur
les limons quaternaires, et elle s'y montre aussi sur
beaucoup d'autres terrains, dont les parties tendres ou
friables sont ainsi cimentées en une roche dure et ré-
sistante pouvant même servir à l'entretien des routes.

L'un de nous a donné le nom de Subatlantique à cette
formation dont l'origine paraît avoir été clysmienne, et
dont la suite est marquée par des transports limoneux
qui ont pu avoir une longue durée. On n'y connaît point
encore de fossiles certains.

Le bassin de l'Oued-Mia, séparé de celui du Sahara
oranais par les plateaux crétacés du Mzab et des Cham-
baas, présente absolument les mêmes caractères et la
même composition.

(*b*) TRAVERTINS ANCIENS. — Nous croyons pouvoir attribuer à cette même époque la formation de travertins
très puissants, dont les sources sont aujourd'hui taries
et qui, déposés en traînées assez longues sur des surfaces tout au moins planes, et plus probablement dans
des vallées ou des dépressions, se trouvent former maintenant le sommet de collines par suite de l'ablation des
surfaces qui les avaient limitées et de leur ravinement
plus ou moins profond. Ces travertins à Milianah renferment les débris d'une flore peu différente de la flore
actuelle de la région, mais dans laquelle il est intéres-
sant de signaler la présence de la vigne, du figuier et
du lierre. Quelques ossements ont permis de constater
aussi l'existence d'une gazelle, et celle d'un bœuf et d'un

cheval indéterminables spécifiquement; point de trace de la présence de l'homme. Mais ces ossements ne sont peut-être pas même de l'époque du dépôt de la masse principale; ils paraîtraient plutôt provenir d'une fente remplie de nouveau par le dépôt travertineux. Les végétaux, au contraire, sont certainement contemporains, et leur nombre indique une abondante végétation forestière.

(c) ANCIENNES PLAGES ÉMERGÉES. — Il n'est pas facile de déterminer la relation stratigraphique entre les grands dépôts clysmiens des grandes plaines et un cordon de dépôts littoraux marins dont on peut constater l'existence sur toute l'étendue de la côte à des altitudes variables, mais ne dépassant que rarement une trentaine de mètres; ils renferment des coquilles d'espèces vivant encore dans la mer voisine et parmi lesquelles les Pectoncles forment parfois de véritables bancs de plusieurs mètres d'épaisseur. Une des espèces les plus remarquables de ces dépôts est cependant un gros Strombus aujourd'hui disparu, dit-on, de la Méditerranée, mais vivant encore dans l'Atlantique, aux Canaries. On y trouve également des débris d'un Éléphant dont les molaires ont des lames minces, mais sont remarquablement étroites et allongées et appartiennent à une espèce étrangère au diluvium de l'Europe. Sidi-Braham-Ou-Khoucs, Oued-Rha, Cherchell, nord de Kber-er-Roumia, le jardin du Hamma, sont les points où l'espèce a été observée. Un fragment recueilli dans les tranchées du chemin de fer, entre Maison-Carrée et Gué de Constantine, paraît lui appartenir, et, si le terrain du gisement est, comme il semblerait, l'analogue des atterrissements caillouteux des grandes plaines, on pourrait en déduire une contemporanéité. Mais la spécification est douteuse, et douteuse aussi l'attribution au terrain subatlantique du gisement en question. Aussi n'y a-t-il point lieu de modifier encore l'opinion émise par l'un de nous de l'âge plus récent des plages émergées. La raison sur laquelle cette opinion a été fondée, c'est que le terrain subatlantique en général, et même au voisinage de quelques-unes de ces anciennes plages, a subi des mouvements de dénivellation auxquels ces plages paraissent avoir échappé parce qu'elles leur sont postérieures. Cependant ces relations stratigraphiques ne sont point tellement nettes qu'elles soient indiscutables et la contemporanéité n'est point virtuellement impossible, quoique encore peu probable.

Les divers tronçons de cette ligne de plages sont presque partout réduits à des corniches étroites, et la plupart n'auraient pu être figurés sur la carte qu'en leur donnant des proportions fort exagérées.

(d) STATIONS PRÉHISTORIQUES. — Nous désignons ainsi quelques gisements de l'époque quaternaire qui ne sont que d'anciennes stations de l'homme primitif. La plus remarquable est celle de Ternifine, dans la plaine d'Eghris, à l'est de Mascara. Une source artésienne naturelle sourd au milieu d'un monticule de sable assez étendu qu'elle semble avoir elle-même rejeté, et qu'elle remue encore vers son bouillon. En exploitant ce sable pour constructions on y a trouvé des ossements d'animaux divers, Éléphant, Hippopotame, Cheval, grande Antilope, et une pierre calcaire dure éclatée en forme de hache d'un type court irrégulier. Plusieurs ossements portent des traces d'entailles et de cassures comme celles que produirait une brisure pour en retirer la moelle. Une mandibule d'Éléphant ne laisse aucun doute à cet égard; mais cet Éléphant a des caractères tout particuliers qui le différencient de l'espèce actuellement vivante en Afrique et du méridionalis, dont il a les lames épaisses et espacées, avec un rudiment de contrefort qui épaissit le milieu, sans lui donner la forme en losange des lames de l'africanus; l'un de nous lui a donné le nom d'Elephas atlanticus. Il est tellement différent de celui des

plages soulevées que la comparaison est inutile à faire;
il est aussi incontestable que son âge est bien plus
récent. L'Hippopotame assez abondant est représenté
par des pièces trop mutilées pour permettre une comparaison spécifique; les autres espèces plus rares ne
donnent pas plus de caractères. Quoiqu'il en soit, il y
avait alors une faune bien différente de la faune actuelle
et indiquant des conditions climatériques bien différentes aussi, car on chercherait actuellement en vain au
voisinage la station d'un Hippopotame.

Il doit exister une station analogue dans la plaine de
Guelma, car une molaire qui en a été rapportée par feu
le docteur Guyon et qui a été figurée par Gervais, appartient à l'E. atlanticus. Il est difficile de dire si les grottes
des environs d'Alger sont de la même époque ; mais la
présence d'autres espèces et d'outils perfectionnés est
contraire à cette assimilation et dénote un âge plus récent.

(e) DÉPÔTS LIMONEUX DU FOND DES VALLÉES. — Il est
très probable que les limons plus ou moins stratifiés
qui forment le sol des vallées et dans lesquels les cours
d'eau actuels ont creusé leurs berges, sont postérieurs
aux stations préhistoriques précédentes, puisqu'on y
trouve l'espèce d'Éléphant encore propre à l'Afrique ;
cette espèce a dû vivre dans le pays à l'état de liberté,
car ses ossements ont été trouvés dans les limons régulièrement stratifiés à plusieurs mètres au-dessous de
fondations de constructions romaines, et leur enfouis-
sement doit remonter à une époque plus ancienne. C'est
à peu près dans les mêmes conditions que l'on a découvert plusieurs crânes de buffle qui attestent également
l'ancienne existence de cette espèce. Ces découvertes
ont été faites dans la Mitidja et auprès de Djelfa ; mais
les limons récents des autres grandes plaines (plaine du
Chelif et autres), sont probablement de même date. Les
éboulis des coteaux à terre rouge ont aussi fourni quel-

ques dents de la même espèce au Ruisseau et au cap Ca-
xine, et beaucoup d'entre eux sont certainement du même âge.

Nous croyons que c'est à cette même époque, ou peut-
être à celle de l'E. atlanticus, que l'on doit rapporter les
couches à Cardium edule des Chotts sahariens et les
autres fonds de Heicha et de Sebkha du Sahara, des
hauts plateaux et du Tell oranais. Tous ces dépôts sont
remarquables par la quantité de gypse sédimentaire
qu'ils renferment, à l'état de strate ou de cristaux lenticulaires criblant les limons marneux; dans ce dernier
cas les limons se sont bosselés en collines arrondies,
quelquefois considérables, entourant des bas-fonds sa-
lés. Il semble qu'il y ait eu sur ces points un foisonne-
ment produit par une transformation de carbonate de
chaux en sulfate sous l'action de dégagements d'acide
sulfurique. Ces phénomènes semblent attester une date
assez reculée et préhistorique pour la formation de ces
sédiments limoneux pourtant encore assez récents, puisque l'horizontalité de leurs strates ou de leurs surfaces .
n'a été modifiée que par les bosselages tout locaux qui
viennent d'être indiqués, et qu'ils sont par suite postérieurs aux dernières modifications dynamiques de la
surface terrestre au moins dans la région qui nous
occupe.

(*f*) DÉPÔTS ACTUELS. — Nous ne parlerons des allu-
vions de l'époque actuelle que pour mémoire, et pour
constater que le régime pluvial qui les produit est bien
différent de celui auquel on doit attribuer les limons à
Elephas africanus, ou tout au moins considérablement
affaibli. Ces derniers limons, en effet, forment les berges
des grands cours d'eau actuels, qui ne les franchissent
que très exceptionnellement et se bornent à remanier à
chaque crue leurs charriages alluvionnaires dans le lit
même que ces limons limitent.

Le dépôt de travertin par des sources se fait encore

actuellement sur nombre de points, surtout dans l'Ouest, et il a donné lieu à un certain nombre de corniches toutes spéciales, dont certaines reposent sur du quaternaire ancien, comme cela a lieu aux portes de Tlemcen par exemple. Elles sont de trop faible étendue pour figurer sur la carte.

Les grandes dunes doivent correspondre à cette même période actuelle, ou du moins à son origine, car elles remontent très haut puisqu'il en est fait mention dès les temps héroïques les plus reculés. Ces dunes, qui paraissent avoir franchi leur phase la plus active de constitution, si on en juge par la permanence actuelle de leurs formes orographiques, reposent sur tous les autres terrains ; elles sont donc elles-mêmes un terrain de dernière formation. Ce terrain couvre des étendues considérables qui, pour le Sahara oranais, sont laissées en blanc sur notre carte avec simple mention du nom de la région. Les dunes sont négligées sur les hauts plateaux, où elles constituent une longue traînée, et dans le Tell où elles sont un accident littoral.

§ 13. — ROCHES ÉRUPTIVES

Elles sont représentées sur la carte par la teinte vermillon, accompagnée de la lettre σ. On y a compris les gypses et dépôts de sel non stratifiés, et on a négligé nombre d'îlots trop petits pour les proportions du dessin.

Nous serons très sobres de renseignements sur ces roches qui demandent une étude complète par les nouveaux procédés d'investigation lithologique. Elles comprennent des trachytes, des basaltes, des amphibolites, des diorites, des scories, formant soit de nombreux dykes éparpillés jusqu'au fond du Sahara, où ils sont en relation avec les gypses et sels gemmes, soit des massifs plus ou moins étendus, comme ceux de la Basse-Tafna, d'Aïn-Temouchent et des environs de Dellys.

§ 14. — LIGNES STRATIGRAPHIQUES

Nous avions d'abord pensé à terminer cette notice par un examen sommaire des grandes lignes orostratigraphiques de la région embrassée par la carte. Mais il y a là des questions considérables à traiter; la petite échelle de notre carte et son tracé exclusivement planimétrique seraient tout à fait impropres à les illustrer, et, enfin, elles dépassent notre cadre qui consiste dans l'explication sommaire d'une carte encore plus sommaire et provisoire. Nous avons d'ailleurs, chacun de notre côté, traité avec quelques détails cet ordre de questions dans des publications antérieures : (Description et carte géologique du massif de Milianah, par M. Pomel, *Bulletin de la Société climatologique d'Alger*, et Savy, éditeur, 1873 ; Notice géologique sur la subdivision de Tlemcen, par M. Pouyanne, *Annales des Mines*, juillet-août 1877.) Nous renverrons donc ici purement et simplement à ces ouvrages.

TABLE DES MATIÈRES